只需一口锅！意大利面和配菜
一起下锅煮即可做成的简单美食

魔法意大利面

（日）村田裕子　著

朱婷婷　译

辽宁科学技术出版社
·沈阳·

简单又美味的魔法意大利面

意大利面不仅是意大利餐的灵魂，实际上在其邻国法国也是相当受欢迎的料理。用刀叉将其切断，不太在意其外观，法国人的吃法虽然有点不可思议，但最近在法国有一种意大利面却非常流行。这种意大利面被称为pates magiques 或者pasta magiques，即魔法意大利面。

做法非常简单。
只需将意大利面、配菜及酱汁放入锅里一起煮即可。
无须清洗多余的锅具，既省时又省力。

那么味道呢?
非常好吃。
意大利面与酱汁的味道融为一体。
几乎不会失败，
比起普通做法，味道更胜一筹。

本书备齐了50种充满法国风情，又具有丰富色彩装饰的意大利面的做法。
绝对可以出现在每天的菜肴里、一个人的午餐里或者是家庭聚餐的菜品中。
因为既简单又美味，没有什么比这更好的了。

目录

**以蔬菜为主的
魔法意大利面**

2　简单又美味的魔法意大利面

6　烹饪之前

10　基本的做法
　　奶油酱意大利面

12　经常遇到的问题

13　不同的意大利面煮面时间与
　　汤汁量的基准

14　其他的基本酱汁

14　简单的番茄酱意大利面

14　蒜香橄榄油意大利面

15　柠檬黄油酱意大利面

15　培根蛋意大利面

适合搭配的菜单

21　培根大葱煎烤面包片

27　生鱼片拼盘番茄酱汁

35　酿馅鸡蛋

41　塞馅口蘑

45　黄瓜薄荷叶酸奶沙拉

53　西洋山葵粉色泡菜

59　杧果生火腿沙拉

66　腌红扁豆

67　水果坚果卡芒贝尔软干酪

70　萝卜火腿千层

71　青芦笋俾斯麦风味

74　凉拌胡萝卜

75　芝麻菜生火腿沙拉葡萄醋调味汁

19　花椰菜干酪意大利面

21　芥菜花竹笋花椒芽油酱意大利面

22　甘蓝金枪鱼凤尾鱼黄油酱意大利

23　土豆扁豆青酱意大利面

24　牛油果蟹肉番茄奶油酱意大利面

25　牛油果丛生口蘑干酪意大利面

27　薄片蔬菜干酪意大利面

28　茄子培根普罗旺斯风味意大利

29　藕香菇咖喱黄油酱意大利面

30　白笋古贡佐拉干酪奶油意大利

31　绿芦笋杏鲍菇奶酪黄油意大利

32　南瓜香芹黄油酱意大利面

33　秋葵圣女果椰汁奶油酱意大利

35　彩椒辛辣番茄酱意大利面

36　根菜法国乡村风味意大利面

37　山芋滑子蘑蒜香风味意大利面

以肉为主的魔法意大利面

以海鲜为主的魔法意大利面

39 生火腿紫甘蓝红葡萄酒奶油酱
   意大利面

41 咸猪肉白扁豆纳瓦林风味意大利面

42 猪五花肉白菜柚子汁酱油橄榄油意
   大利面

43 香肠新土豆鸡蛋意大利面

45 羊肉茄子摩洛哥风味意大利面

46 培根圣女果大蒜橄榄油意大利面

47 鸡肉芜菁蒜香橄榄油意大利面

48 西班牙烟熏香肠豆类蔬菜橄榄油意大
   利面

49 香肠胡萝卜青豆橙子黄油酱意大利面

50 炸小丸子玉米奶油酱意大利面

51 牛肉蘑菇俄罗斯风味意大利面

53 猪里脊口蘑芥子奶油酱意大利面

54 墨西哥香辣口味牛肉酱意大利面

55 肉酱意大利面

57 虾西葫芦柠檬奶油酱意大利面

59 全目鲷地中海风味意大利面

60 鲭鱼大葱马赛鱼汤风味意大利面

61 鳕鱼子黄油酱意大利面

62 鳕鱼土豆芹菜奶油酱意大利面

63 鲑鱼油菜黄油酱意大利面

64 海鲜干番茄意大利面

65 扇贝豆苗蒜香橄榄油意大利面

68 小沙丁鱼樱花虾青尖椒蒜香橄榄
   油意大利面

69 章鱼彩椒番茄酱意大利面

72 牡蛎菠菜奶油酱意大利面

73 海胆花椰菜奶油酱意大利面

魔法的面

76 泰国风味鸡肉馅炒面

77 韩国风味炒粉丝

77 无汁担担面

本书的使用方法:只要没有特别的注明,材料均为2人份。一大匙指15mL,一小匙指5mL。书中使用的是功率为600W的微波炉。请根据瓦数调整加热时间。

烹饪之前

完全不需要特别的工具和材料。
用现有的东西就足够了,在这里讲解一下做出美味意大利面的秘诀。

锅

为了能将长的意大利面不折断直接放入锅中,最好使用直径26cm以上的锅。使用椭圆形的锅下意大利面会更方便。请务必使用两边有把手的锅。如果锅比较小,意大利面放不进去的话,可以将面从中间折断再放入锅中。

意大利面

可以按照个人的喜好去挑选意大利面。煮面时间要以包装袋提示时间为准。不同意大利面的浸泡时间与煮面时间可以参照P13的图表,相近的意大利面,以此类推。像右侧照片上的宽面也非常适合做魔法意大利面。

番茄罐头

由于装有整个番茄果实的罐头更美味，因此请选用此类罐头。入锅前需要将番茄简单切块。也可以直接使用切好块的罐头。请根据个人喜好选择。做2人份的话，1/2罐就够了，剩下的请放入密封袋子里保存。冷藏可以保存2~3天，冷冻可以保存2周左右。

橄榄油

本书使用的是初榨橄榄油，可以根据个人喜好挑选。

白葡萄酒

无须使用价格很高的白葡萄酒，挑选价格适中的白葡萄酒即可。

黄油

使用加盐或者不加盐的黄油都可以，请根据个人口味挑选。

鲜奶油

如果乳脂肪成分达到45%的话，口感会更加浓厚，但乳脂肪成分达到35%的鲜奶油口感也没有问题。

固体浓缩高汤

也被称为"高汤"。半个固体浓缩高汤可以用半小匙的颗粒状高汤代替。

奶酪

主要使用的是磨碎的帕玛森干酪，也可以使用粉末状的奶酪。

大蒜

使用的是非常普通的大蒜。用刀柄拍2~3次，捣碎之后使用。

奶油酱意大利面 →P10

基本的做法

基本的步骤非常简单，将意大利面放入水中浸泡，同时准备其他的配菜，然后放入锅中一起煮，最后拌入或撒上准备好的备料即可。

奶油酱
意大利面

基本的材料分为4部分：作为主角的长条意大利面，与意大利面搭配的蔬菜、肉类等【配菜】，作为酱汁的【A】以及意大利面煮好后加入的【备料】。

材料

长条意大利面(1.7mm)　160g ▶ 简单冲洗，用水浸泡。ⓐ

〔配菜〕　西兰花　½个 ▶ 分成小朵。ⓑ

〔A〕
　橄榄油　1大匙
　鲜奶油　100mL
　水　400mL
　盐　小匙
　胡椒粉　少许

〔备料〕　鲜奶油　100mL

浸泡是为了减轻面上的浮粉，并让意大利面能够更柔软地下锅。泡到可以弯折到90°左右就可以了。如果意大利面还不能直接放入锅中的话，请将其从中间折断再放入锅中。泡过面的水不用于之后的料理中。

意大利面泡水期间，完成配菜的准备。

做法

1. 将 A、意大利面、配菜放入锅中煮

在锅中放入 A 搅拌,再加入意大利面与配菜。加盖用中火加热,适当搅拌,并按照意大利面包装袋上的提示时间煮熟。

特别是在加入油的情况下要充分搅拌。

要使意大利面完全浸泡在汤汁里,不要忘记盖锅盖,点火开始计时。

煮开2~3次以后,为了不使意大利面粘锅,需要简单搅拌。火候大小以水咕嘟咕嘟沸腾时,能看到锅中的意大利面为佳。如果火候太大的话,意大利面在煮熟之前,水分就会流失掉。火候太大的时候,要调成较弱的中火。

Note
• 在2的过程中,意大利面还未煮软,但锅中已经没有汤汁的情况下,请添加50mL的水。
• 同样,当意大利面已经煮得软硬正好,但锅中仍旧有很多汤汁的情况下,请在加入备料前,舀出50mL。
• 在2的过程中,无论是意大利面还是配菜都可以调整口感的软硬度,无须把它想象得很难。

2. 开盖熬煮

开盖后,再煮1~2分钟,将汤汁煮剩至深1cm处,将面条煮至个人喜欢的软硬程度,即可收火。

根据意大利面的种类不同,熬煮时间也不同。一般为2分钟左右。请参照P13。除时间外,还要检查意大利面与配菜是否煮到了适当的软硬程度。

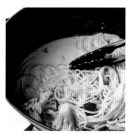

最终汤汁煮至如图即可,装盘后,由于意大利面含汤汁,不用控掉水分。特别是加入奶油酱汁与番茄酱汁的情况下,尽可能多留一些。

3. 完成

加入准备好的鲜奶油,快速拌匀,装盘。

除鲜奶油外,还可以加入奶酪和易煮熟的蔬菜等。

简单拌匀(参照P9)根据口味加入盐和胡椒粉调味。

经常遇到的问题

总结了大家经常遇到的问题
有疑问的时候，请先读读这里吧。

问： 做4人份的时候，食材的用量以及加热时间等该如何
把握呢？

答： 食材的用量全部增加1倍，但是加热时间不变。
同样，做6人份的意大利面的话，将食材增加至3倍。
但是一次如果做太多的话，失败的可能性会很高。

问： 那么做1人份的时候呢？

答： 食材只用原来的一半，水的用量是原来的⅔。
如果水的用量也使用一半的话，水太少，意大利面会煮得不好吃，甚至会粘锅。
用小锅的话，推荐将意大利面从中间折成两半来做，加热时间不变。

问： 改变意大利面的量也没有影响么？

答： 本书是按照1人份为80g计算的，如果稍微多一点，2人份按照200g计算的话，
其他材料应全部增加至1.2倍。相反，稍微少一点的情况，2人份按照120g计算的话，其
他材料全部减少至0.8倍。加热时间保持不变。

问： 可以使用和食谱上不同的意大利面来做么？

答： 当然可以，煮面时间和汤汁量要做稍许变化。
请参考右页图表。
另外还要注意，意大利面的泡水时间与熬煮时间也要随之变化。

问： 改换意大利面的时候，配菜的切法等保持不变，有没有影响呢？

答： 基本上没有问题，如果使用的意大利面比食谱上指定的意大利面煮面时间更短的
话，请多加注意。
必须加热做熟的鱼肉等，以及需要加热的根菜等的切法要比食谱上切得更小，或者
先将配菜放入锅中加热一段时间后，再放入意大利面。请根据情况适当调整。

不同的意大利面煮面时间与汤汁量的基准

可以使用与食谱上不同的意大利面来制作。请以下表为基准，调整意大利面煮面时间与汤汁量。【汤汁量】指材料【A】中的水、鲜奶油、葡萄酒、番茄果汁、椰奶等的总量。

		形状（mm）	泡水时间（min）	煮面时间（min）	熬煮时间（min）	汤汁量（使用番茄罐头的情况下）（mL）
长的意大利面	发丝意大利面	直径0.9	1～2	2	0.5～1	400(300)
	极细意大利面	直径1.4	2～3	6	1～2	450(300)
	较细的长条意大利面	直径1.6	3～4	9	1～2	500(400)
	长条意大利面	直径1.7	3～4	10	1～2	500(400)
		直径1.8	3～4	11	2～3	500(400)
		直径1.9	3～4	12	2～3	500(400)
		直径2.2	4～5	16	3～4	600(500)
	意大利宽面	宽度5～6片状的面	3～4	7	1～2	500(400)
	扁平意大利面	切面是椭圆形的面	—	12	2～3	500(400)
短的意大利面	笔尖面	"笔尖"的形状	3～4	11～13	2～3	500(400)
	贝壳面	贝壳形状	3～4	11～13	2～3	500(400)
	螺旋面	螺丝形状	3～4	11～13	2～3	500(400)
	蝴蝶面	蝴蝶形状	3～4	11～13	2～3	500(400)

＊煮面时间以【De Cecco】（日清制粉）为准。＊使用番茄罐头时，因为有黏度需改变汤汁量。＊使用与食谱中指定的意大利面不同的意大利面制作时，材料【A】中的水、鲜奶油、葡萄酒、番茄果汁需要以同样的比例增减。例如食谱中使用的是发丝意大利面（汤汁量400mL），如果想使用较细的长条意大利面（汤汁量500mL）制作的话，材料【A】中的水、鲜奶油、葡萄酒、番茄果汁也要分别增加至1.25倍。鲜奶油保持原来的用量，只增加其他成分的用量也是可以的。（因为鲜奶油1盒200mL装得非常多）

其他的基本酱汁

本书的食谱基本上就是这些酱汁的变化。
熟练之后，用自己喜欢的食材和这些酱汁组合在一起，试试吧。

简单的番茄酱
意大利面 →P16

蒜香橄榄油
意大利面 →P16

14

柠檬黄油酱
意大利面 →P17

培根蛋意大利面
→P17

15

简单的番茄酱意大利面

材料

长条意大利面(1.7mm)　160g ▶ 简单冲洗,用水浸泡

[配菜]
洋葱　½个 ▶ 切成碎末
大蒜　1片 ▶ 用刀柄拍3～4次,捣碎

[A]
橄榄油　1大匙
番茄沙司　1大匙
固体浓缩高汤　½个
番茄水煮罐头(带整个番茄果实)　½罐(200g)
　▶ 将果肉简单切块
水　400mL
盐　⅓小匙

[备料]
胡椒粉　少许
帕玛森干酪　适量 ▶ 磨碎
罗勒叶　适量 ▶ 简单切碎

Note
● ½个固体浓缩高汤可以用½小匙的颗粒状高汤代替。
● 可以直接使用已经切好块的番茄酱罐头。

做法

1. 在锅中放入A搅拌,再加入意大利面与配菜。加盖后用中火加热,适当搅拌,并按照意大利面包装袋上的提示时间煮熟。
2. 开盖后,再煮1～2分钟,将汤汁煮剩至深1cm处,将面条煮至个人喜欢的软硬程度,即可收火。
3. 装盘,撒上准备好的帕玛森干酪与罗勒叶。

蒜香橄榄油意大利面

材料

长条意大利面(1.7mm)　160g ▶ 简单冲洗,用水浸泡

[配菜]
大蒜　1片 ▶ 用刀柄拍3～4次,捣碎
红辣椒圈　1小匙

[A]
橄榄油　1大匙
水　500mL
盐　½小匙
香芹　2根 ▶ 摘掉叶片,切成碎末

[备料]
橄榄油　2大匙

Note
● 这是一道用橄榄油、大蒜以及红辣椒做成的传统意大利面。

做法

1. 在锅中放入A搅拌,再加入意大利面与配菜。加盖后用中火加热,适当搅拌,并按照意大利面包装袋上的提示时间煮熟。
2. 开盖后,再煮1～2分钟,将汤汁煮剩至深1cm处,将面条煮至个人喜欢的软硬程度,即可收火。
3. 加上准备好的香芹与橄榄油,快速拌匀,装盘。

柠檬黄油酱意大利面

材料

长条意大利面(1.7mm)　160g ▶ 简单冲洗,用水浸泡

[配菜] 柠檬　½个 ▶ 切成薄片

橄榄油　1大匙

[A] 水　500mL

盐　½小匙

胡椒粉　少许

[备料] 柠檬皮　½个 ▶ 仅仅将黄色部分削皮切丝

黄油　2大匙 ▶ 在室温下使之慢慢软化

做法

1.在锅中放入A搅拌,再加入意大利面与配菜。加盖后用中火加热,适当搅拌,并按照意大利面包装袋上的提示时间煮熟。

2.开盖后,再煮1~2分钟,将汤汁煮剩至深1cm处,将面条煮至个人喜欢的软硬程度,即可收火。

3.加入准备好的柠檬皮与黄油,快速拌匀,装盘。

Note

●如将柠檬皮用于料理,最好使用不添加任何添加剂的柠檬。

培根蛋意大利面

材料

长条意大利面(1.7mm)　160g ▶ 简单冲洗,用水浸泡

[配菜/A] 培根(块状)　80g ▶ 切成1cm宽的长条状

橄榄油　1大匙

水　500mL

盐　½小匙

胡椒粉　少许

[备料] 蛋液 ▶ 用打泡器混合搅拌备用

鸡蛋　2个

帕玛森干酪　4大匙 ▶ 磨碎

水　2大匙

粗磨胡椒粒　适量

做法

1.在锅中放入A搅拌,再加入意大利面与配菜。加盖后用中火加热,适当搅拌,并按照意大利面包装袋上的提示时间煮熟。

2.开盖后,再煮1~2分钟,将汤汁煮剩至深1cm处,将面条煮至个人喜欢的软硬程度,即可收火。

3.加入准备好的蛋液,快速拌匀,装盘。

Note

●这是一道不用鲜奶油,而用全蛋与帕玛森干酪做成的罗马口味意大利面。

●没有培根块的时候,可以用5片3~4cm宽的培根片代替。

●蛋液依靠意大利面的余热就可以马上凝固,所以快速洒到意大利面上,装盘即可。

以蔬菜为主的
魔法意大利面

花椰菜干酪意大利面

材料

长条意大利面(1.7mm) 160g ▶ 简单冲洗,用水浸泡

[配菜] 菜花 ⅓个(100g) ▶ 分成小朵
西兰花 ⅓个(100g) ▶ 分成小朵

[A] 橄榄油 1大匙
水 500mL
盐 ½小匙
胡椒粉 少许

[备料] 烟熏三文鱼 5~6片(80g) ▶ 按长度切成两半
蛋液 ▶ 用打蛋器混合搅拌备用
鸡蛋 2个
帕玛森干酪 4大匙 ▶ 磨碎
水 2大匙
粗磨胡椒粒 适量

做法

1.在锅中放入A搅拌,再加入意大利面与配菜。加盖后用中火加热,适当搅拌,并按照意大利面包装袋上的提示时间煮熟。

2.开盖后,再煮1~2分钟,将汤汁煮剩至深1cm处,将面条煮至个人喜欢的软硬程度,即可收火。

3.加入准备好的烟熏三文鱼与蛋液,搅拌均匀,装盘。

Note
● 浓郁的酱汁搭配口感十足的青菜,呈现出充满满足感的菜肴。
● 西兰花与菜花主要食用部分是花蕾。
● 烟熏三文鱼的咸淡是重点,根据个人口味,适当加盐。

〈关于本章〉
▶ 含有丰富蔬菜的健康意大利面只需一口锅就可以快速做好。
▶ 根据蔬菜的切法调整火候,和意大利面同时熬煮。
▶ 掌握要领之后,请利用冰箱里现有的蔬菜尝试一下。

芥菜花竹笋花椒芽油酱意大利面

材料

极细意大利面(1.4mm)　160g　▶ 简单冲洗,用水浸泡

[配菜]
芥菜花　⅓把(100g) ▶ 按长度切成两半
竹笋(水煮)　½根(100g) ▶ 切成8mm厚的半月形
鲷鱼(鱼肉块) ▶ 片成2cm厚的鱼片
番茄干(参照边图)　5～6个
大蒜　1片 ▶ 用刀柄拍3～4次,捣碎

[A]
橄榄油　1大匙
白葡萄酒　50mL
水　400mL
盐　½小匙
胡椒粉　少许

[备料]
花椒芽　20片 ▶ 简单切碎
橄榄油　2大匙

做法

1. 在锅中放入A搅拌,再加入意大利面与配菜。加盖后用中火加热,适当搅拌,并按照意大利面包装袋上的提示时间煮熟。

2. 开盖后,再煮1～2分钟,将汤汁煮剩至深1cm处,将面条煮至个人喜欢的软硬程度,即可收火。

3. 加入准备好的花椒芽和橄榄油,快速拌匀,装盘。

Note

● 这是一道混合着春天气息,口感清爽的意大利面。
● 没有花椒芽的情况下可以使用1～2根香芹叶来替代。
● 可以使用5～6个干燥番茄或者将5～6个新鲜的圣女果切成两半代替番茄干。

番茄干

材料和制作方法

1. 一盒圣女果去蒂,用竹签扎5～6个孔。

2. 放入铺着厨房用纸的耐热容器中,加入盐、胡椒粉各少许,撒上适量的混合香料。

3. 不要盖保鲜膜,在微波炉中加热3分钟左右。

4. 在室外或屋外放置一天,使其自然干燥。

放入密闭容器或者可以密封的保鲜袋中,在冰箱里冷藏可以保存一周左右,冷冻的话最长可保存一个月。

培根大葱煎烤面包片

材料——容易制作的分量

细的长条面包　½根 ▶ 切成5mm厚的薄片

[A]
黄油　4大匙
　　▶ 在室温下使之慢慢软化
培根　2片 ▶ 切碎
大葱　½根 ▶ 切碎

做法

将搅拌好的A均匀地放在面包上,尽可能地涂薄涂匀,在烤箱里烤4～5分钟,颜色烤至焦黄即可。

 # 甘蓝金枪鱼凤尾鱼黄油酱意大利面

材料

长条意大利面(1.8mm)　160g ▶ 简单冲洗，用水浸泡

[配菜]
甘蓝　4片 ▶ 切成4～5cm的小块
金枪鱼水煮罐头(大)　1罐(180g) ▶ 除去汤汁
凤尾鱼(少刺)　3片 ▶ 切成碎末
大蒜　1片 ▶ 用刀柄拍3～4次，捣碎

[A]
橄榄油　1大匙
水　500mL
盐　1/3小匙
胡椒粉　少许

[备料]
黄油　2大匙 ▶ 在室温下使之慢慢软化
水芹　1把 ▶ 摘取叶片

做法

1.在锅中放入A搅拌，再加入意大利面与配菜。加盖后用中火加热，适当搅拌，并按照意大利面包装袋上的提示时间煮熟。

2.开盖后，再煮2～3分钟，将汤汁煮剩至深1cm处，将面条煮至个人喜欢的软硬程度，即可收火。

3.加入准备好的黄油与水芹叶，搅拌均匀，装盘。

Note
• 凤尾鱼的鲜美，让这道简单的意大利面百吃不腻。
• 为了保持住黄油的口味，收火后加入黄油并快速搅拌是这道意大利面的重点。

 # 土豆扁豆青酱意大利面

材料

扁平意大利面　160g ▶ 简单冲洗,用水浸泡

[配菜]
土豆　2个 ▶ 切成1cm厚的圆片
扁豆　10根 去蒂 ▶ 按长度切成3段
大蒜　1片 ▶ 用刀柄拍3～4次,捣碎

[A]
橄榄油　1大匙
水　500mL
盐　½小匙
胡椒粉　少许

[备料]
罗勒叶　5～6片 ▶ 切碎
香芹　2根 ▶ 摘取叶片,切成碎末
混合坚果(零食用)　20g ▶ 切成碎末
帕玛森干酪　2大匙 ▶ 磨碎
橄榄油　2大匙

Note
• 香料的味道配上热腾腾的土豆,唇齿留香。
• 如果没有青酱的话,在橄榄油里混合罗勒、香芹、坚果以及帕玛森干酪也是可以的。

做法

1. 在锅中放入A搅拌,再加入意大利面与配菜。加盖后用中火加热,适当搅拌,并按照意大利面包装袋上的提示时间煮熟。

2. 开盖后,再煮2～3分钟,将汤汁煮剩至深1cm处,将面条煮至个人喜欢的软硬程度,即可收火。

3. 加入全部备料,快速拌匀,装盘。

 # 牛油果蟹肉番茄奶油酱意大利面

材料

较细的长条意大利面(1.6mm)　160g ▶ 简单冲洗，用水浸泡

[配菜][A] ┃ 牛油果　1个 ▶ 切成2cm见方的小块 [a]

┃ 橄榄油　1大匙

┃ 鲜奶油　100mL

┃ 番茄果汁(无盐)　200mL

┃ 水　200mL

┃ 盐　½小匙

┃ 胡椒粉　少许

[备料] 蟹肉罐头　160g ▶ 去软骨，去除汤汁

鲜奶油　100mL

做法

1. 在锅中放入A搅拌，再加入意大利面与配菜。加盖后用中火加热，适当搅拌，并按照意大利面包装袋上的提示时间煮熟。

2. 开盖后，再煮1～2分钟，将汤汁煮剩至深1cm处，将面条煮至个人喜欢的软硬程度，即可收火。

3. 加入准备好的½罐蟹肉罐头与鲜奶油，搅拌均匀，装盘。再放入剩下的蟹肉罐头。

Note

● 在味道醇厚的牛油果中加入蟹肉增添了食物的高级感。
● 番茄奶油酱本身就是很有存在感的酱汁，适合与很多蔬菜搭配。

用刀沿着牛油果核竖切，将其分成2半，用刀将果核挖出，用手剥皮。

 # 牛油果丛生口蘑干酪意大利面

材料

笔尖面　160g　▶ 简单冲洗，用水浸泡

[配菜] 牛油果　1个　▶ 切成1cm厚的小块

丛生口蘑　1盒　▶ 分成小朵

[A] 橄榄油　1大匙

水　500mL

盐　½小匙

胡椒粉　少许

[备料] 蛋液　▶ 用打泡器混合搅拌备用

鸡蛋　2个

帕玛森干酪　4大匙　▶ 磨碎

水　2大匙

粗磨胡椒粒　适量

做法

1.在锅中放入A搅拌，再加入意大利面与配菜。加盖后用中火加热，适当搅拌，并按照意大利面包装袋上的提示时间煮熟。

2.开盖后，再煮2～3分钟，将汤汁煮剩至深1cm处，将面条煮至个人喜欢的软硬程度，即可收火。

3.加入准备好的蛋液，快速拌匀，装盘。

Note
● 丛生口蘑之外的蘑菇也非常适合这道意大利面。
● 将帕玛森干酪和粗磨胡椒粒撒在做好的意大利面上。

薄片蔬菜干酪意大利面

材料

意大利宽面　160g　▶ 简单冲洗,用水浸泡

A ｜ 橄榄油　1大匙
　　水　500mL
　　盐　½小匙
　　胡椒粉　少许

备料 ｜ 西葫芦　½根　▶ 用削皮刀削出宽约1cm的薄片 ⓐ
　　胡萝卜　½根　▶ 用削皮刀削出宽约1cm的薄片
　　蛋液　▶ 用打泡器混合搅拌备用
　　　｜ 鸡蛋　2个
　　　｜ 帕玛森干酪　4大匙　▶ 磨碎
　　　｜ 白葡萄酒(或者水)　1大匙
　　　｜ 粗磨胡椒粒　适量

做法

1. 在锅中放入A搅拌,再加入意大利面。加盖后用中火加热,适当搅拌,并按照意大利面包装袋上的提示时间煮熟。
2. 开盖后,再煮1~2分钟,将汤汁煮剩至深1cm处,将面条煮至个人喜欢的软硬程度,即可收火。
3. 加入全部备料,快速搅拌,装盘。

Note

• 蔬菜的甘甜使干酪的味道更好。
• 配合意大利宽面将蔬菜切成薄片,酱的味道会入味。加入煮好的意大利面中更有回味。

ⓐ 将胡萝卜也同样切成薄片。尽可能地切薄,才能更好地加热煮熟。

适合搭配的菜单

生鱼片拼盘番茄酱汁

材料——容易制作的分量

生鱼片用的白鱼肉片　(鲷、鲚等鱼的薄片)150g
橄榄油　1大匙
茴香切成碎末　适量

A ｜ 水果番茄　1个(80g)
　　▶ 去蒂,将皮捣碎
　　黄芥末　1小匙
　　盐　⅓小匙
　　胡椒粉　少许

做法

将生鱼片摆在盘中,加入混合好的A与橄榄油,撒上茴香末。

茄子培根普罗旺斯风味意大利面

材料

长条意大利面(1.8mm)　160g ▶ 简单冲洗,用水浸泡

[配菜]

　茄子　3个 ▶ 每个茄子分别用保鲜膜包好,在微波炉中加热2分钟,切成1.5cm厚的圆块。⒜

　培根　4片 ▶ 切成3cm宽的小片

　洋葱　½个 ▶ 切成碎末

　大蒜　1片 ▶ 用刀柄拍3~4次,捣碎

[A]

　固体浓缩高汤　½个

　橄榄油　1大匙

　番茄沙司　1大匙

　番茄水煮罐头(带整个番茄果实)　½罐(200g)

　　▶ 将果肉简单切块

　水　500mL

　盐　½小匙

[备料]

　胡椒粉　少许

　马苏里拉奶酪　1个(80g)

　　▶ 切成1cm见方的小块

带蒂的茄子在微波炉中加热会容易破裂,茄子务必去蒂。

　罗勒叶　适量

做法

1. 在锅中放入A搅拌,再加入意大利面与配菜。加盖后用中火加热,适当搅拌,并按照意大利面包装袋上的提示时间煮熟。

2. 开盖后,再煮2~3分钟,将汤汁煮剩至深1cm处,将面条煮至个人喜欢的软硬程度,即可收火。

3. 加入准备好的马苏里拉奶酪,快速搅拌,装盘,撒上罗勒叶。

Note

● 这是一道在番茄的基础上加入了足够的蔬菜,让大蒜完全发挥效果的普罗旺斯风味意大利面。

● 将奶酪放入做好的意大利面中,利用意大利面余热使之溶化,味道十分可口。

 # 藕香菇咖喱黄油酱意大利面

材料

极细意大利面(1.4mm)　160g　▶ 简单冲洗,用水浸泡

[配菜] 藕　½节　▶ 竖切成两半

切成5mm厚的半月状,放在水中泡2～3分钟

香菇　6个　▶ 切成宽度为1cm薄片

[A] 橄榄油　1大匙

咖喱粉　1小匙

水　450mL

盐　½小匙

胡椒粉　少许

[备菜] 青椒　2个　▶ 切丝

黄油　2大匙　▶ 在室温下使之慢慢软化

做法

1. 在锅中放入A搅拌,再加入意大利面与配菜。加盖后用中火加热,适当搅拌,并按照意大利面包装袋上的提示时间煮熟。

2. 开盖后,再煮1～2分钟,将汤汁煮剩至深1cm处,将面条煮至个人喜欢的软硬程度,即可收火。

3. 加入准备好的青椒与黄油,快速搅拌均匀,装盘。

Note

• 咖喱和黄油的香味可以勾起人的食欲,这是一道大人和孩子都爱吃的意大利面。

• 由于蔬菜的切法不同,可以品尝到不同的口感。

白笋古贡佐拉干酪
奶油意大利面

材料

长条意大利面(1.8mm) 160g
▶ 简单冲洗，用水浸泡

配菜 白竹笋罐头 1罐(250g)
▶ 去除罐头内汤汁，将竹笋按长度切成两半

A 橄榄油 1大匙
鲜奶油 100mL
水 400mL
盐 ½小匙
胡椒粉 少许

备料 古贡佐拉干酪 80g ▶ 磨碎
核桃(烤过) 20g ▶ 切成小块

做法

1. 在锅中放入A搅拌，再加入意大利面打配菜。加盖后用中火加热，适当搅拌，并按照意大利面包装袋上的提示时间煮熟。

2. 开盖后，再煮2～3分钟，将汤汁煮剩至深1cm处，将面条煮至个人喜欢的软硬程度，即可收火。

3. 加入准备好的古贡佐拉干酪与核桃，快速搅拌均匀，装盘。

●溶化的古贡佐拉干酪作为酱汁，具有十分浓郁的香气。
●使用平时当零食吃的核桃就可以，也可以用其他种类的坚果代替。

绿芦笋杏鲍菇奶酪黄油意大利面

材料

螺旋面　160g ▶ 简单冲洗，用水浸泡

[配菜]
绿芦笋　5根
　▶ 切成长为5cm，宽为1cm的斜块
杏鲍菇　2个
　▶ 按长度切成两半，再竖切一分为二，最后切成宽1cm的小块

[A]
橄榄油　1大匙
水　500mL
盐　½小匙
胡椒粉　少许

[备料]
黄油　2大匙 ▶ 在室温下使之慢慢软化
帕玛森干酪　2大匙 ▶ 磨碎
粗磨白胡椒　适量

做法

1. 在锅中放入A搅拌，再加入意大利面与配菜。加盖后用中火加热，适当搅拌，并按照意大利面包装袋上的提示时间煮熟。

2. 开盖后，再煮2～3分钟，将汤汁煮剩至深1cm处，将面条煮至个人喜欢的软硬程度，即可收火。

3. 加入准备好的黄油与帕玛森干酪，快速搅拌均匀，装盘，撒上粗磨白胡椒。

- 将配菜切成与螺旋面大小相近，吃起来会更加有口感。
- 如果没有白胡椒可以用黑胡椒代替。白胡椒可以使味道更为柔和。

 # 南瓜香芹黄油酱意大利面

材料

贝壳面　160g ▶ 简单冲洗,用水浸泡

〔配菜〕

　南瓜　1⁄6 个(300g) ▶ 切成2cm见方的小块

　大蒜　1片 ▶ 用刀柄拍3～4次,捣碎

〔A〕

　橄榄油　1大匙

　水　500mL

　盐　1⁄2小匙

　胡椒粉　少许

〔备料〕

　黄油　2大匙 ▶ 在室温下使之慢慢软化

　香芹　3根 ▶ 摘取叶片,切成碎末

做法

1. 在锅中放入A搅拌,再加入意大利面与配菜。加盖后用中火加热,适当搅拌,并按照意大利面包装袋上的提示时间煮熟。

2. 开盖后,再煮2～3分钟,将汤汁煮剩至深1cm处,将面条煮至个人喜欢的软硬程度,即可收火。

3. 加入准备好的黄油与香芹,快速搅拌均匀,装盘。

Note

● 南瓜与黄油搭配使味道更加浓郁,这是一道食材简单吃起来却十分有满足感的意大利面。

 # 秋葵圣女果椰汁奶油酱意大利面

材料

发丝意大利面　160g　▶ 简单冲洗，用水浸泡

[配菜]
秋葵　10根　▶ 用盐揉搓后，再水洗，斜切一分两半
圣女果　10个　▶ 去蒂
姜　1片　▶ 切成碎末
大蒜　1片　▶ 用刀柄拍3～4次，捣碎

[A]
固体浓缩高汤　½个
咖喱粉　1小匙
白糖　½小匙
橄榄油　1大匙
鱼露　1大匙
椰奶　200mL ⓐ
水　200mL
盐、胡椒粉　各少许

[备料]
鲜奶油　100mL
香菜　1根　▶ 简单切段

东南亚地区常用于做咖喱、汤以及甜品等，罐头装的居多。

ⓐ

做法

1.在锅中放入A搅拌，再加入意大利面与配菜。加盖后用中火加热，适当搅拌，并按照意大利面包装袋上的提示时间煮熟。

2.开盖后，再煮30秒至1分钟，将汤汁煮剩至深1cm处，将面条煮至个人喜欢的软硬程度，即可收火。

3.加入准备好的鲜奶油与香菜，快速搅拌均匀，装盘。

Note
●泰国咖喱风味，这是一道适合在炎炎夏日食用的意大利面。因为是细面，很快就可以做好。
●为了能留住椰奶的味道，开盖后熬煮时间尽量缩短。

彩椒辛辣番茄酱意大利面

材料

长条意大利面(1.8mm) 160g ▶ 简单冲洗,用水浸泡

[配菜]
彩椒(红、黄) 各1个 ▶ 切成宽约5mm的细丝
洋葱 ½个 ▶ 切成碎末
大蒜 1片 ▶ 用刀柄拍3～4次,捣碎
红辣椒圈 1小匙

[A]
固体浓缩高汤 ½个
橄榄油 1大匙
番茄沙司 1大匙
番茄水煮罐头(带整个番茄果实) ½罐(200g)
▶ 将果肉简单切块
水 400mL
盐 ½小匙

[备料]
胡椒 少许
芝麻菜 适量 ▶ 简单切
帕玛森干酪 4大匙 ▶ 磨碎

做法

1.在锅中放入A搅拌,再加入意大利面与配菜。加盖后用中火加热,适当搅拌,并按照意大利面包装袋上的提示时间煮熟。

2.开盖后,再煮2～3分钟,将汤汁煮剩至深1cm处,将面条煮至个人喜欢的软硬程度,即可收火。

3.装盘,放入准备好的芝麻菜,撒上帕玛森干酪和胡椒粉。

Note

•加入了丰富的蔬菜,使人享受了一道辛辣口味番茄酱意大利面,将茄子切成薄片代替彩椒也会非常可口。

•可以通过调整红辣椒的用量,控制菜肴的辣度。

适合搭配的菜单

酿馅鸡蛋

材料——容易制作的分量

煮鸡蛋 2个
▶ 竖着切一分为二,将蛋黄和蛋清分开

[A]
A 沙拉酱 1½大匙
咖喱粉 ¼小匙
盐 胡椒 各少许

[B]
凤尾鱼(少刺) 1条
▶ 竖切一分为二,再按长度切成两半
黑橄榄(无核) 1个 ▶ 切成小圈
香芹 适量
咖喱粉 适量

做法

1.在碗中放入蛋黄,用叉子捣碎,加入A混合搅拌。

2.将1放入煮好的蛋白中,摆上B。

材料

长条意大利面(2.2mm) 160g ▶ 简单冲洗, 用水浸泡

[配菜]

藕 ½节
▶ 切成5mm宽的小丁, 在水中浸泡2～3分钟

牛蒡 ⅓根 ▶ 切成5mm厚的圆片, 在水中浸泡4～5分钟

胡萝卜 ½根 ▶ 切成5mm宽的银杏状小丁

大葱 1根 ▶ 切成5mm厚的小圈

大蒜 1片 ▶ 用刀柄拍3～4次, 捣碎

A

固体浓缩高汤 ½个

橄榄油 1大匙

番茄沙司 1大匙

番茄水煮罐头(带整个番茄果实) ½罐(200g)
▶ 将果肉简单切块

水 500mL

盐 ½小匙

[香料]

胡椒粉 少许

帕玛森干酪 4大匙 ▶ 弄碎

做法

1. 在锅中放入A搅拌, 再加入意大利面与配菜。加盖用中火加热, 适当搅拌, 并按照意大利面包装袋上的提示时间煮熟。

2. 开盖后, 再煮3～4分钟, 将汤汁煮剩至深1cm处, 将面条煮至个人喜欢的软硬程度, 即可收火。

3. 装盘, 撒上备好的帕玛森干酪和胡椒粉。

• 煮好的根菜与富含酱汁的宽面搭配, 分量十足。
• 一盘意大利面就可以品尝到种类丰富的蔬菜, 令人心情愉快。

根菜法国乡村风味意大利面

材料

蝴蝶面　160g
▶ 简单冲洗，用水浸泡

[配菜]　山芋　10cm
　　▶ 不剥皮切成1cm厚的半月状

滑子蘑　1盒 ▶ 分成小朵

大蒜　2片 ▶ 用刀柄拍3~4次，捣碎

[A]　橄榄油　1大匙
　　水　500mL
　　盐　½小匙
　　胡椒　少许

[备料]　春菊　2~3根 ▶ 摘取叶片
　　橄榄油　2大匙

做法

1. 在锅中放入 A 搅拌，再加入意大利面与配菜。加盖后用中火加热，适当搅拌，并按照意大利面包装袋上的提示时间煮熟。

2. 开盖后，再煮2~3分钟，将汤汁煮剩至深1cm处，将面条煮至个人喜欢的软硬程度，即可收火。

3. 加入准备好的春菊与橄榄油，搅拌均匀，装盘。

山芋滑子蘑蒜香风味意大利面

Note

● 将橄榄油与大蒜一起煮，这是一道具有西班牙蒜香风味的意大利面。

● 使用和式香料春菊成为提味的亮点。

以肉为主的
魔法意大利面

生火腿紫甘蓝红葡萄酒奶油酱意大利面

材料

长条意大利面(1.9mm)　**160g** ▶ 简单冲洗,用水浸泡

[配菜]
紫甘蓝　¼ 个(200g) ▶ 切丝
紫洋葱　½ 个 ▶ 切成薄片
大蒜　1 片 ▶ 用刀柄拍3～4次,捣碎

[A]
橄榄油　1 大匙
番茄沙司　1 大匙
鲜奶油　100mL
红葡萄酒　200mL
水　200mL
盐　½ 小匙
胡椒粉　少许

[备料]
生火腿　10 片(100g) ▶ 切成1cm宽
鲜奶油　100mL
帕玛森干酪　适量 ▶ 削成薄片

做法

1. 在锅中放入 A 搅拌,再加入意大利面与配菜。加盖后用中火加热,适当搅拌,并按照意大利面包装袋上的提示时间煮熟。

2. 开盖后,再煮 2 ～ 3 分钟,将汤汁煮剩至深 1cm 处,将面条煮至个人喜欢的软硬程度,即可收火。

3. 加入准备好的生火腿与生奶油,快速搅拌均匀,装盘,撒上帕玛森干酪。

Note
● 做好的意大利面会被染成紫色,这是一道非常漂亮的餐品。
● 虽然是奶油口味的意大利面,但因为番茄沙司的酸味会起作用,口味也十分爽口。
● 紫洋葱可以用普通洋葱代替。

〈关于本章〉

▶ 用肉做配菜的魔法意大利面分量十足。

▶ 虽然肉的切法是根据煮面时间所设计的,但肉类食材未煮熟的情况下,要先把意大利面捞出,继续加热直到肉煮熟为止。

咸猪肉白扁豆纳瓦林风味意大利面

材料

长条意大利面(2.2mm)　160g ▶ 简单冲洗,用水浸泡

〔配菜〕 咸猪肉 ▶ 将全部材料放入塑料袋中,均匀地腌进
猪肉里,在冰箱中提前冷藏1晚 ⓐ

　　猪五花肉块　200g ▶ 切成2cm见方的小块

　　盐　1小匙

　　白糖　¼小匙

　　混合干香料　¼小匙

　　酱油　少许

　白扁豆(水煮)　200g ▶ 去汁 ⓑ

　洋葱　½个 ▶ 切成碎末

　大蒜　1片 ▶ 用刀柄拍3～4次,捣碎

　月桂叶　1片

Ⓐ 固体浓缩高汤　½个

　橄榄油　1大匙

　番茄沙司　1大匙

　番茄水煮罐头(带整个番茄果实)　½罐(200g)

　　▶ 将果肉简单切块

　白葡萄酒　100mL

　水　400mL

通常是将整块猪肉用盐
腌好,这里是切块后再
腌,可以缩短时间。

水煮白扁豆除了袋装
外,也可以买罐装的,
请除汁后再使用。

做法

1. 在锅中放入 A 搅拌,再加入意大利面与配菜。加盖后用中火加热,适当搅拌,并按照意大利面包装袋上的提示时间煮熟。

2. 开盖后,再煮 3～4 分钟,将汤汁煮剩至深 1cm 处,将面条煮至个人喜欢的软硬程度,即可收火,装盘。

Note

● 纳瓦林料理是羊肉与西红柿一起炖煮的法国家庭料理。这里用猪肉代替羊肉,口味更加浓郁。

● 猪肉如能提前腌制好放在冰箱里冷藏2～3天,味道更佳。

● 如果使用煮面时间少于16分钟的意大利面,猪肉可以切成更小的块或者延长煮面时间,但注意意大利面不能煮得过软。

适合搭配的菜单

塞馅口蘑

材料——容易制作的分量

口蘑　10个 ▶ 将根切掉　切成碎末加入A

Ⓐ 香芹　1根 ▶ 切成碎末

　帕玛森干酪　2大匙

　　▶ 磨碎

　黄油　1大匙

　　▶ 在室温下使之慢慢软化

　橄榄油　1大匙

　盐、胡椒粉　各少许

做法

1. 在耐热容器中摆上口蘑,褶处朝上,将 A 塞入口蘑里。

2. 将口蘑放入烤箱,烤 13～15 分钟,烤至焦黄色即可。

 # 猪五花肉白菜柚子汁酱油橄榄油意大利面

材料

长条意大利面(1.7mm)　160g　▶ 简单冲洗,用水浸泡

〔配菜〕
- 猪五花肉片　200g　▶ 切成5cm宽小片
- 白菜　2片　▶ 竖切一分为二,再切成1cm宽小片
- 姜　1片　▶ 切丝

〔A〕
- 橄榄油　1大匙
- 水　500mL
- 盐　½小匙
- 胡椒粉　少许

〔备料〕
- 柚子汁酱油　½大匙
- 橄榄油　2大匙
- 青葱　1根　▶ 斜切成薄片

Note
- 猪五花肉与白菜是日式风味料理中的传统食材,料理中隐约透着姜的味道。
- 加入备好的柚子汁酱油,色香味俱全。

做法

1. 在锅中放入 A 搅拌,再加入意大利面与配菜。加盖后用中火加热,适当搅拌,并按照意大利面包装袋上的提示时间煮熟。

2. 开盖后,再煮 1 ~ 2 分钟,将汤汁煮剩至深 1cm 处,将面条煮至个人喜欢的软硬程度,即可收火。

3. 加入准备好的柚子汁酱油与橄榄油,快速搅拌,装盘,撒上青葱。

香肠新土豆鸡蛋意大利面

材料

蝴蝶面　160g　▶ 简单冲洗，用水浸泡

[配菜]

香肠　8根　▶ 斜切一分为二

新土豆　6个　▶ 带皮清洗，切成两半

新洋葱　½个　▶ 切成2cm厚的半月状

[A]

橄榄油　1大匙

水　500mL

盐　½小匙

胡椒粉　少许

[备料]

蛋液　▶ 用打泡器混合搅拌备用

鸡蛋　2个

帕玛森干酪　4大匙　▶ 磨碎

水　2大匙

粗磨胡椒粒　适量

刚出芽的豆苗　适量

Note
- 这是春天到来新土豆上市的时候，我最想做的一道意大利面。土豆带皮吃会更加美味。
- 也可以用去皮的普通土豆切成1cm厚的圆块代替新土豆。

做法

1. 在锅中放入 A 搅拌，再加入意大利面与配菜。加盖后用中火加热，适当搅拌，并按照意大利面包装袋上的提示时间煮熟。

2. 开盖后，再煮 2 ～ 3 分钟，将汤汁煮剩至深1cm 处，将面条煮至个人喜欢的软硬程度，即可收火。

3. 加入准备好的蛋液，快速搅拌，装盘，撒上豆苗。

羊肉茄子摩洛哥风味意大利面

材料

较细的长条意大利面　160g ▶ 简单冲洗,用水浸泡

[配菜] 羊肉(烤肉用的厚片)　200g ▶ 切成容易入口的尺寸

茄子　3个 ▶ 每个茄子分别用保鲜膜包好,在微波炉中加热2分钟,待放凉之后,大致切成容易入口的尺寸(参照P28)

彩椒(黄色)　1个 ▶ 大致切成容易入口的尺寸

洋葱　¼个 ▶ 切成碎末

鹰嘴豆(水煮)　150g ▶ 去汤汁

姜　1片 ▶ 切成碎末

大蒜　1片 ▶ 用刀柄拍3~4次,捣碎

[A] 月桂叶　1片

固体浓缩高汤　½个

橄榄油　1大匙

咖喱粉　½大匙

番茄沙司　1大匙

番茄水煮罐头(带整个番茄果实)　½罐(200g)

▶ 将果肉简单切块

白葡萄酒　100mL

水　300mL

[备料] 盐　½小匙

胡椒粉　少许

秋葵　4根 ▶ 用盐揉搓后,再水洗切成2mm厚的小块

炸洋葱(参照边图)　适量

做法

1. 在锅中放入A搅拌,再加入意大利面与配菜。加盖后用中火加热,适当搅拌,并按照意大利面包装袋上的提示时间煮熟。

2. 开盖后,再煮1~2分钟,将汤汁煮剩至深1cm处,将面条煮至个人喜欢的软硬程度,即可收火。

3. 加入准备好的秋葵,快速搅拌,装盘,撒上炸洋葱条。

炸洋葱

材料和做法

1. 将¼个洋葱切成条状,薄薄裹一层面粉。

2. 在平底锅中加入深1cm的油,用较弱的中火加热,炸洋葱ⓐ。炸至上色之后盛出,放在厨房用纸上去油。

关火后余热也会继续使食材受热,因此尽量快炸为好。

Note

● 多种调味料与蔬菜组合,回味无穷。
● 没有羊肉的话,用牛肉代替也可以。
● 带蒂的茄子在微波炉中加热会容易破裂,茄子务必去蒂。

适合搭配的菜单

黄瓜薄荷叶酸奶沙拉

材料——容易制作的分量

黄瓜　1根 ▶ 用削皮刀将皮削掉,切成长1cm的片状

薄荷叶　10~12片

▶ 留4~5片装饰用,其余切丝

[A] 原味酸奶　(无糖)100mL

大蒜　½片 ▶ 捣碎

橄榄油　1小匙

柠檬汁　½小匙

盐　½小匙

胡椒粉　少许

做法

1. 在盘子中放入A搅拌,加入黄瓜与切丝的薄荷叶,搅拌均匀。

2. 装盘,撒上剩余薄荷叶装饰。

 # 培根圣女果大蒜橄榄油意大利面

材料

极细意大利面(1.4mm)　160g ▶ 简单冲洗,用水浸泡

[配菜] 培根(切薄片)　5片 ▶ 切成宽约3cm

圣女果　20个 ▶ 去蒂

凤尾鱼(少刺)　3片 ▶ 切成碎末

大蒜　1片 ▶ 用刀柄拍3～4次,捣碎

红辣椒切小圈　1小匙

[A] 橄榄油　1大匙

水　450mL

盐　½小匙

胡椒粉　少许

[备料] 罗勒叶　4～5片 ▶ 简单切碎

橄榄油　2大匙

油炸蒜片(参照ⓐ)　适量

Note

• 慢慢加热,可以使口味更甘甜,圣女果口感十分清新。

• 在做好的意大利面上撒上油炸蒜片,可以提高食欲。尽可能多做一些保存,可以用在其他的意大利面和料理上。

做法

1. 在锅中放入 A 搅拌,再加入意大利面与配菜。加盖后用中火加热,适当搅拌,并按照意大利面包装袋上的提示时间煮熟。

2. 开盖后,再煮 1 ~ 2 分钟,将汤汁煮剩至深 1cm 处,将面条煮至个人喜欢的软硬程度,即可收火。

3. 加入准备好的罗勒叶与橄榄油,快速搅拌均匀,装盘,撒上油炸蒜片。

油炸蒜片

材料和做法

1. 将 2 ~ 3 头大蒜切成薄片。

2. 倾斜平底锅,在倾斜的一端放入蒜片,倒入正好能没过蒜片的橄榄油,用较弱的中火将其炸至焦黄色。在油炸的过程中,里外翻面ⓐ,最后放在厨房纸上去油。

用较少的油量能炸得更好。

 # 鸡肉芜菁蒜香橄榄油意大利面

材料

螺旋面　160g ▶ 简单冲洗,用水浸泡

[配菜] 鸡腿肉　1片 (250g)
▶ 竖切一分为二,再斜切成1cm宽的肉块

芜菁　2个 ▶ 带皮 6～8等分 切成半月状

大蒜　1片 ▶ 用刀柄拍3～4次 捣碎

油炸蒜片(参照P46)　1头 ▶ 切成碎末

红辣椒　1根 ▶ 切成小圈

[A] 橄榄油　1大匙

白葡萄酒　50mL

水　450mL

盐　½小匙

胡椒粉　少许

[备料] 芜菁叶　2片 ▶ 切成5mm长

橄榄油　2大匙

做法

1. 在锅中放入 A 搅拌,再加入意大利面与配菜。加盖后用中火加热,适当搅拌,并按照意大利面包装袋上的提示时间煮熟。

2. 开盖后,再煮 2 ～ 3 分钟,将汤汁煮剩至深 1cm 处,将面条煮至个人喜欢的软硬程度,即可收火。

3. 加入准备好的芜菁叶与橄榄油,快速搅拌,装盘。

Note

• 芜菁带皮加热,口感会更有嚼头。

• 如使用煮面时间短于12分钟的意大利面,鸡肉要切成更小块或者延长煮面时间。

材料

较细的长条意大利面　160g

▶ 简单冲洗，用水浸泡

〔配菜〕

西班牙烟熏香肠　½根 (75g) ▶ 斜切成5mm厚的片状

培根 (块状)　50g ▶ 切成1cm见方的小块

豌豆　10根 ▶ 去蒂去弦

芸豆 (细长形)　15～16根 ▶ 去蒂

蚕豆 (从蚕豆皮中摘出)　120g ▶ 去除薄皮

大蒜　1片 ▶ 用刀柄拍3～4次，捣碎

〔A〕

橄榄油　1大匙

水　500mL

盐　½小匙

胡椒粉　少许

〔备料〕

橄榄油　2大匙

做法

1. 在锅中放入 A 搅拌，再加入意大利面与配菜。加盖后用中火加热，适当搅拌，并按照意大利面包装袋上的提示时间煮熟。

2. 开盖后，再煮 1～2 分钟，将汤汁煮剩至深 1cm 处，将面条煮至个人喜欢的软硬程度，即可收火。

3. 加入准备好的橄榄油，快速搅拌，装盘。

- 西班牙烟熏香肠和培根的香味完全融入酱汁中，味道极佳。
- 块状培根也可以使用切成1cm宽的3片培根薄片来代替。

西班牙烟熏香肠豆类蔬菜橄榄油意大利面

香肠胡萝卜青
豆橙子黄油酱
意大利面

材料

斜管面　160g ▶ 简单冲洗，用水浸泡

配菜 ┌ 香肠　6根 ▶ 切成1cm长
　　 │ 胡萝卜　½根 ▶ 切成1cm见方的小块
　　 │ 青豆(去豆荚)　120g
　　 └ 洋葱　½个 ▶ 切成1cm见方的小块

A ┌ 橄榄油　1大匙
　│ 鲜榨橙汁　2个(200mL)
　│ 水　300mL
　│ 盐　½小匙
　└ 胡椒粉　少许

分料 ┌ 橙子皮　(收获后不使用农药添加剂的橙子)　2个
　　　　 ▶ 将橙子部分剥掉 切丝
　　　└ 黄油　1大匙 ▶ 在室温下使之慢慢软化

做法

1. 在锅中放入 A 搅拌，再加入意大利面与配菜。加盖后用中火加热，适当搅拌，并按照意大利面包装袋上的提示时间煮熟。

2. 开盖后，再煮 2～3 分钟，将汤汁煮剩至深 1cm 处，将面条煮至个人喜欢的软硬程度，即可收火。

3. 加入准备好的橙子皮与黄油，快速搅拌，装盘。

• 橙汁的清香伴随着微微甘甜清淡的酱汁，这道意大利面的色彩也十分丰富。

• 如果榨出来的橙汁不够，可以加200mL的水，也可以用100%的鲜橙果汁来代替。

 # 炸小丸子玉米奶油酱意大利面

材料

意大利宽面　160g　▶ 简单冲洗，用水浸泡

[配菜] 牛肉、猪肉肉馅儿　200g 充分搅拌
▶ 将其30等分搓成团 a
玉米奶油罐头(罐装)　100mL b
绿龙须菜　5根
▶ 切成1.5cm长
洋葱　¼个　▶ 切成碎末

[A] 橄榄油　1大匙
水　500mL
盐　½小匙
胡椒粉　少许

[备料] 鲜奶油　100mL
粗磨胡椒粒　适量

做法

1. 在锅中放入 A 搅拌，再加入意大利面与配菜。加盖后用中火加热，适当搅拌，并按照意大利面包装袋上的提示时间煮熟。

2. 开盖后，再煮 1 ~ 2 分钟，将汤汁煮剩至深 1cm 处，将面条煮至个人喜欢的软硬程度，即可收火。

3. 加入准备好的鲜奶油，快速拌匀，装盘。撒上粗磨胡椒粒。

Note
●鲜奶油浓厚的酱汁与意大利面缠绕在一起，味道让人上瘾。
●为了小丸子不散，要放在锅的最上层。

a 肉馅没有黏合材料直接团成肉丸，放入沸腾的水中之后在锅里轻轻地搅动，就可以做出形状好看的小丸子。为了便于加热，重点是要做成迷你尺寸。

b 用玉米奶油罐头做酱汁可以轻松做出醇香浓郁的味道。

 # 牛肉蘑菇俄罗斯风味意大利面

材料

扁平意大利面　160g ▶ 简单冲洗，用水浸泡

〔配菜〕
碎牛肉块　200g

丛生口蘑　1盒 ▶ 分成小朵

香菇　6个 ▶ 切成1cm厚的片状

洋葱　½个 ▶ 按纤维竖切成1cm宽的条状

〔A〕
半冰沙司(罐装)　100mL ⓐ

橄榄油　1大匙

红葡萄酒　200mL

水　300mL

盐　½小匙

胡椒粉　少许

〔备料〕
鲜奶油　100mL

水芹　适量

 ⓐ 没有半冰沙司罐头的时候，可用4大匙番茄沙司＋1大匙英国辣酱油＋1大匙酱油＋1大匙料酒混合替代。

做法

1. 在锅中放入A搅拌，再加入意大利面与配菜。加盖后用中火加热，适当搅拌，并按照意大利面包装袋上的提示时间煮熟。

2. 开盖后，再煮2～3分钟，将汤汁煮剩至深1cm处，将面条煮至个人喜欢的软硬程度，即可收火。

3. 加入准备好的鲜奶油，快速拌匀，装盘。再倒入剩下的鲜奶油，加上水芹。

Note
● 牛肉作为意大利面中的一道奢华食材，即使宴客也是非常适合的。

猪里脊口蘑芥子奶油酱意大利面

材料

长条意大利面(1.7mm)　160g ▶ 简单冲洗,用水浸泡

[配菜]
- 猪里脊块　200g
  ▶ 切成5cm长,竖切4等分
- 口蘑　8个 ▶ 竖切4等分
- 迷迭香　1根

[A]
- 橄榄油　1大匙
- 鲜奶油　100mL
- 白葡萄酒　50mL
- 水　350mL
- 盐　½小匙
- 胡椒粉　少许

[备料]
- 芥子粒　1大匙
- 鲜奶油　100mL
- 迷迭香　适量 ▶ 摘取叶片

做法

1. 在锅中放入A搅拌,再加入意大利面与配菜。加盖后用中火加热,适当搅拌,并按照意大利面包装袋上的提示时间煮熟。

2. 开盖后,再煮1～2分钟,将汤汁煮剩至深1cm处,将面条煮至个人喜欢的软硬程度,即可收火。

3. 加入准备好的芥子粒与鲜奶油,快速拌匀,装盘,撒上迷迭香。

Note
- 芥子粒在奶油酱中起到辛辣刺激的作用。为了能完全保持原味,要快速加进去。

適合搭配的菜单

西洋山葵粉色泡菜

材料——容易制作的分量

西洋山葵　10个 ▶ 去除叶片
藕　½节
▶ 切成2cm见方的小块,放在水里浸泡2～3分钟
菜花　¼个 ▶ 分成小朵

[A]
- 蜂蜜　2大匙
- 醋　100mL
- 水　150mL
- 盐　½大匙
- 胡椒粉　少许
- 月桂叶　1片

做法

1. 将A放入耐热的盘子中,混合搅拌。

2. 加入剩下的材料,盖上保鲜膜,在微波炉中加热3分钟,取出后简单搅拌,盖上保鲜膜,使之冷却。

*在冰箱冷藏可保存4～5天。

墨西哥香辣口味牛肉酱意大利面

材料

斜管面　160g　▶ 简单冲洗，用水浸泡

〔配菜〕
混合肉馅儿　150g
混合豆类罐头(罐装)　1罐　(130g) ⓐ
洋葱　½个　▶ 切成碎末
大蒜　1片　▶ 用刀柄拍3~4次，捣碎
红辣椒切小圈　1小匙

〔A〕
固体浓缩高汤　½个
咖喱粉　1大匙
橄榄油　1大匙
英国辣酱油　1大匙
番茄沙司　1大匙
番茄水煮罐头(带整个番茄果实)　½罐(200g)
▶ 将果肉简单切块　　　　　　　　ⓐ
水　400mL
盐　½小匙

〔备料〕
胡椒粉　少许
帕玛森干酪　适量
▶ 磨碎

也可以将喜欢的豆类煮煮后，组合在一起使用。

做法

1. 在锅中放入 A 搅拌，再加入意大利面与配菜。加盖后用中火加热，适当搅拌，并按照意大利面包装袋上的提示时间煮熟。

2. 开盖后，再煮 2 ~ 3 分钟，将汤汁煮剩至深 1cm 处，将面条煮至个人喜欢的软硬程度，即可收火。

3. 装盘，撒上帕玛森干酪和胡椒粉。

Note
- 香辣口味的番茄酱能充分体现出墨西哥的民族风味。
- 此道菜品适合短的意大利面，请务必使用斜管面制作。

 # 肉酱意大利面

材料

长条意大利面(2.2mm)　160g　▶ 简单冲洗，用水浸泡

[配菜]

混合肉馅儿　150g

香菇　6个　▶ 切成碎末

洋葱　½个　▶ 切成碎末

大蒜　1片　▶ 用刀柄拍3～4次，捣碎

月桂叶　1片

[A]

固体浓缩高汤　½个

橄榄油　1大匙

番茄沙司　1大匙

番茄水煮罐头(带整个番茄果实)　½罐(200g)

　▶ 将果肉简单切块

红葡萄酒　100mL

水　400mL

盐　½小匙

[备料]

胡椒粉　少许

帕玛森干酪　适量　▶ 削成薄片

做法

1. 在锅中放入 A 搅拌，再加入意大利面与配菜。加盖后用中火加热，适当搅拌，并按照意大利面包装袋上的提示时间煮熟。

2. 开盖后，再煮 3～4 分钟，将汤汁煮剩至深1cm 处，将面条煮至个人喜欢的软硬程度，即可收火。

3. 装盘，撒上准备好的帕玛森干酪和胡椒粉。

Note

● 这是一道非常适合用宽面做的简单又经典的肉酱意大利面。

● 重点是开盖后，要稍微加长熬煮时间。

以海鲜为主的
魔法意大利面

虾西葫芦柠檬奶油酱意大利面

材料

较细的长条意大利面(1.6mm)　160g

[配菜]
▶ 简单冲洗,用水浸泡

煮虾(带壳无虾头)　12 只

▶ 留下虾尾,剥掉虾壳,抽出黑线

西葫芦　1 根　▶ 切成5mm厚的圆片

青豆(生)　60g

柠檬　½个

[A]　▶ 切成薄片

橄榄油　1 大匙

鲜奶油　100mL

水　400mL

盐　½小匙

[备料]
胡椒粉　少许

鲜奶油　100mL

柠檬皮　½个

▶ 仅将黄色部分削皮切丝

茴香　适量　▶ 简单切段

做法

1. 在锅中放入 A 搅拌,再加入意大利面与配菜。加盖后用中火加热,适当搅拌,并按照意大利面包装袋上的提示时间煮熟。

2. 开盖后,再煮1～2分钟,将汤汁煮剩至深1cm处,将面条煮至个人喜欢的软硬程度,即可收火。

3. 加入准备好的鲜奶油,快速拌匀,装盘,放入柠檬皮,撒上茴香和胡椒粉。

Note
● 清爽风味的柠檬奶油酱汁与鱼类特别适合。
● 没有鲜青豆的时候,直接使用冷冻青豆也可以,青豆罐头也可以。

〈关于本章〉

▶ 本章的意大利面使用了很多海鲜和贝类,色彩艳丽,非常适合招待客人。

▶ 适合搭配海鲜的清爽酱汁有很多。可以尝试与不同的海鲜进行组合。

虽然配菜的切法是根据煮面时间所设计的,但是在未完全煮熟的情况下,要先把意大利面捞出,再单独将海鲜煮熟。

金目鲷地中海风味意大利面

材料

长条意大利面(1.7mm) 160g ▶ 简单冲洗,用水浸泡

[配菜]
金目鲷(鱼肉块) ▶ 切成2cm厚的鱼片
蛤蜊(去除泥沙) 10个
圣女果 10个 ▶ 去蒂
橄榄(带核,黑,绿) 各8个
凤尾鱼(少刺) 2片 ▶ 切成碎末
水瓜柳 1小匙

[A]
橄榄油 1大匙
白葡萄酒 100mL
水 400mL
盐 ½小匙
胡椒 少许

[备料]
橄榄油 2大匙
罗勒叶 3~4片 ▶ 简单切碎
香芹 1根 ▶ 摘取叶片 简单切碎

做法

1.在锅中放入A搅拌,再加入意大利面与配菜。加盖后用中火加热,适当搅拌,并按照意大利面包装袋上的提示时间煮熟。

2.开盖后,再煮1~2分钟,将汤汁煮剩至深1cm处,将面条煮至个人喜欢的软硬程度,即可收火。

3.加入准备好的橄榄油,快速拌匀,装盘。撒上罗勒叶与香芹。

Note

• 蛤蜊的汤汁里面有凤尾鱼的香味,这是一道非常奢华的意大利面。

• 除了金目鲷之外,也可以用鲷鱼、鲈鱼、石鲈鱼等喜欢吃的鱼做这道料理。

适合搭配的菜单

杧果生火腿沙拉

材料——容易制作的分量

杧果 1个
▶ 切出肉,剥皮,竖切成3等分

鲜火腿 6片

生菜 适量
▶ 用手撕到容易吃的大小

做法

在盘子上铺上生菜,放上杧果与鲜火腿。

 # 鲭鱼大葱马赛鱼汤风味意大利面

材料

意大利宽面　160g　▶ 简单冲洗，用水浸泡

[配菜]
鲭鱼(片成3片)　1大片 (200g)　▶ 切成1cm见方小块

蛤蜊(去除泥沙)　10个

大葱　1根　▶ 切成5cm长，将葱白切下用于备料中，
剩下的竖切4等分

芹菜　1根　▶ 切成长5cm，宽1cm的小块

[A]
固体浓缩高汤　½个

橄榄油　1大匙

番茄水煮罐头(带整个番茄果实)　½罐(200g)
▶ 将果肉简单切块

白葡萄酒　100mL

水　300mL

盐　½小匙

胡椒粉　少许

[备料]
柠檬切成半月状　2块

大蒜沙拉酱　▶ 混合备用

沙拉酱　2大匙

大蒜　½片　▶ 捣碎

做法

1. 在锅中放入A搅拌，再加入意大利面与配菜(葱白除外)。加盖用中火加热，适当搅拌，并按照意大利面包装袋上的提示时间煮熟。

2. 开盖后，再煮1~2分钟，将汤汁煮剩至深1cm处，将面条煮至个人喜欢的软硬程度，即可收火。

3. 装盘，加入葱白，添上准备好的柠檬、大蒜沙拉酱和胡椒粉。

Note
● 加入沙拉酱与大蒜做成的简单大蒜沙拉酱，挤出柠檬汁滴到意大利面上，成为一道鲜香味美的意大利面。

 # 鳕鱼子黄油酱意大利面

材料

极细意大利面(1.4mm)　160g ▶ 简单冲洗, 用水浸泡

[A]
橄榄油　1大匙
水　450mL
盐　½小匙
胡椒粉　少许

[备料]
黄油　3大匙 ▶ 在室温下使之慢慢软化
鳕鱼子(大)　1块(100g) ▶ 取出
水菜　2株 ▶ 切成4cm长的小段
野姜　2个 ▶ 竖着一切为二, 斜切成片
青紫苏　4片 ▶ 竖着一切为二, 切丝

做法

1. 在锅中放入A搅拌, 再加入意大利面。加盖后用中火加热, 适当搅拌, 并按照意大利面包装袋上的提示时间煮熟。
2. 开盖后, 再煮1～2分钟, 将汤汁煮剩至深1cm处, 将面条煮至个人喜欢的软硬程度, 即可收火。
3. 加入准备好的黄油、鳕鱼子与水菜, 快速拌匀, 装盘, 撒上野姜与青紫苏。

Note
● 将备料加在煮好的意大利面上, 成为一道日式风味的"生拌意大利面"。更能体现水菜"咔哧咔哧"的爽口与鳕鱼子的鲜美。

鳕鱼土豆芹菜奶油酱意大利面

材料

斜管面　160g ▶ 简单冲洗,用水浸泡

[配菜]
生鳕鱼(鱼肉块)　2块 ▶ 切成2cm厚的小块
土豆　2个 ▶ 切成2cm见方的小块
洋葱　1/4个 ▶ 切成碎末
凤尾鱼(少刺)　2块 ▶ 切成碎末
大蒜　1片 ▶ 用刀柄拍3～4次,捣碎

[A]
橄榄油　1大匙
鲜奶油　100mL
白葡萄酒　100mL
水　300mL
盐　1/2小匙
胡椒粉　少许

[备料]
香芹　3～4根 ▶ 摘取叶片,切成碎末
鲜奶油　100mL
油煎面包块(参照[a])　适量

Note
● 想要意大利面散发出香味,需要加入足够的香芹。
● 酥脆的油煎面包块是这道意大利面的点睛之笔。

做法

1. 在锅中放入A搅拌,再加入意大利面与配菜。加盖后用中火加热,适当搅拌,并按照意大利面包装袋上的提示时间煮熟。
2. 开盖后,再煮2～3分钟,将汤汁煮剩至深1cm处,将面条煮至个人喜欢的软硬程度,即可收火。
3. 加入准备好的香芹与鲜奶油,快速拌匀。装盘,撒上油煎面包块。

油煎面包块

材料和做法

将2片面包片(8片装)的四边切掉,切成1cm见方的小面包块。放入平底锅中,中火加热,用木铲翻炒至金黄色即可。

吃剩的面包片与长条面包都可以用来做这道菜肴,用市面上买的面包也可以。

 # 鲑鱼油菜黄油酱意大利面

材料

蝴蝶面　160g ▶ 简单冲洗，用水浸泡

[配菜]
鲜鲑鱼(鱼肉块)　2块 ▶ 切成2cm见方的小块
油菜　⅓把 ▶ 切成3cm长
洋葱　¼个 ▶ 切成碎末
大蒜　1片 ▶

[A]
橄榄油　1大匙
白葡萄酒　100mL
水　400mL
盐　½小匙
胡椒　少许

[备料]
黄油　2大匙 ▶ 在室温下使之慢慢软化
大蒜　½片 ▶ 捣碎

Note
这是一道用常见食材做成的西洋风味意大利面，配菜换成自己喜欢的其他青菜也可以。
●意大利面的余热可以溶化黄油，为了能更好地留住黄油和大蒜的味道，请趁着酱汁柔软尽快食用。

做法

1. 在锅中放入A搅拌，再加入意大利面与配菜。加盖后用中火加热，适当搅拌，并按照意大利面包装袋上的提示时间煮熟。
2. 开盖后，再煮2～3分钟，将汤汁煮剩至深1cm处，将面条煮至个人喜欢的软硬程度，即可收火。
3. 加入准备好的黄油与大蒜，快速拌匀，装盘。

海鲜干番茄
意大利面 →P66

扇贝豆苗蒜香橄榄油
意大利面 →P67

海鲜干番茄意大利面

材料

长条意大利面 (1.7mm) 160g ▶ 简单冲洗,用水浸泡

[配菜]
墨斗鱼身 1只量 ▶ 切成1cm厚的环状
青口贝 8个
虾去壳去头 120g
干西红柿 5~6个
大蒜 1片 ▶ 用刀柄拍3~4次,捣碎

[A]
橄榄油 1大匙
白葡萄酒 100mL
水 400mL
盐 ½小匙
胡椒粉 少许

[备料]
香芹 2根 ▶ 摘取叶片,简单切碎
橄榄油 2大匙

做法

1. 在锅中放入A搅拌,再加入意大利面与配菜。加盖后用中火加热,适当搅拌,并按照意大利面包装袋上的提示时间煮熟。
2. 开盖后,再煮1~2分钟,将汤汁煮剩至深1cm处,将面条煮至个人喜欢的软硬程度,即可关火。
3. 加入准备好的香芹与橄榄油,快速拌匀,装盘。

Note
- 不使用鲜番茄,而使用干番茄可以使酱汁更加浓郁,更能衬托出鱼类的鲜美。
- 可以用150g蛤蜊代替青口贝。

适合搭配的菜单

腌红扁豆

材料——容易制作的分量

红扁豆(干燥袋装) 120g
紫洋葱 ¼个 ▶ 切成碎末
香芹 适量

[A]
橄榄油 2大匙
白糖 ½小匙
柠檬汁 2大匙
水 3大匙
盐 ⅓小匙
胡椒粉 少许

做法

将A放入碗中混合搅拌,再加入红扁豆与紫洋葱拌匀,放置20分钟以上,入味后装盘,将香芹用手撕碎,撒在菜肴上。

扇贝豆苗蒜香橄榄油意大利面

材料

较细的长条意大利面(1.6mm)　160g ▶ 简单冲洗,用水浸泡

[配菜]
扇贝(小)　16个
大蒜　1片 ▶ 用刀柄拍3~4次,捣碎
红辣椒切小圈　1小匙

[A]
橄榄油　1大匙
水　500mL
盐　½小匙
胡椒　少许

[备料]
豆苗　1盒 ▶ 按长度切成两半
橄榄油　2大匙

做法

1.在锅中放入A搅拌,再加入意大利面与配菜。加盖后用中火加热,适当搅拌,并按照意大利面包装袋上的提示时间煮熟。
2.开盖后,再煮1~2分钟,将汤汁煮剩至深1cm处,将面条煮至个人喜欢的软硬程度,即可收火。
3.加入准备好的豆苗与橄榄油,快速拌匀,装盘。

Note

●这是一道简单却不会吃腻的美味意大利面。
●扇贝肉较大的时候,可以按照厚度切成两半,比较容易煮熟。

适合搭配的菜单

水果坚果卡芒贝尔软干酪

材料——容易制作的分量
卡芒贝尔软干酪　1个(100g)
▶ 按照厚度一切为二

[A]
喜欢的水果干 (杏、无花果等)　合计30g
▶ 大致切块
喜欢的坚果
(零食用的开心果、杏仁等)　合计15g
▶ 大致切块

做法

在卡芒贝尔软干酪上点缀色彩缤纷的水果和坚果,切成合适的大小后食用。

小沙丁鱼樱花虾青尖椒蒜香橄榄油
意大利面 →P70

68

章鱼彩椒番茄酱
意大利面　→P71

小沙丁鱼樱花虾青尖椒蒜香橄榄油意大利面

材料

发丝意大利面　160g ▶ 简单冲洗，用水浸泡

[配菜]
小沙丁鱼　30g
樱花虾(干燥)　4大匙
青尖椒　2根 ▶ 切成小圈
大蒜　2片 ▶ 用刀柄拍3～4次，捣碎

[A]
橄榄油　1大匙
水　400mL
盐　½小匙
胡椒粉　少许

[备料]
灯笼椒　6根 ▶ 切成小圈
橄榄油　2大匙

做法

1.在锅中放入A搅拌，再加入意大利面与配菜。加盖后用中火加热，适当搅拌，并按照意大利面包装袋上的提示时间煮熟。
2.开盖后，再煮30秒至1分钟，将汤汁煮剩至深1cm处，将面条煮至个人喜欢的软硬程度，即可收火。
3.加入准备好的辣椒与橄榄油，快速拌匀，装盘。

Note
●发丝意大利面做完像米粉一样，入口十分顺滑。
●青尖椒有非常清爽的回甘和余味。

适合搭配的菜单

萝卜火腿千层

材料——容易制作的分量

萝卜　3cm
▶ 带皮切成3～4mm厚的圆片，切7片

里脊火腿　6片

[A]
醋　2大匙
白糖　2小匙
盐　⅓小匙

做法

1.在容器中放入A混合，加入萝卜腌4～5分钟。
2.萝卜与火腿交互重叠，插上6根牙签，切6等分。

章鱼彩椒番茄酱意大利面

材料

扁平意大利面　160g ▶ 简单冲洗，用水浸泡

〔配菜〕

煮章鱼　章鱼足2根(200g) ▶ 切成长1.5cm小段

彩椒(红、黄)　各½个 ▶ 切成宽5mm细丝

芹菜　½根 ▶ 斜切成宽1cm小段

橄榄(黑)　10个

洋葱　¼个 ▶ 切成碎末

大蒜　1片 ▶ 用刀柄拍3~4次，捣碎

月桂叶　1片

A 固体浓缩高汤　½个

橄榄油　1大匙

番茄沙司　1大匙

番茄水煮罐头(带整个番茄果实)　½罐(200g)

▶ 将果肉简单切块

白葡萄酒　50mL

水　350mL

盐　½小匙

胡椒粉　少许

做法

1.在锅中放入A搅拌，再加入意大利面与配菜。加盖后用中火加热，适当搅拌，并按照意大利面包装袋上的提示时间煮熟。

2.开盖后，再煮2~3分钟，将汤汁煮剩至深1cm处，将面条煮至个人喜欢的软硬程度，即可收火，装盘。

Note

●章鱼与番茄酱是意大利面中的传统搭配，橄榄油的咸味使酱汁的味道更有层次感。

适合搭配的菜单

青芦笋俾斯麦风味

材料——容易制作的分量

青芦笋　6根

煮鸡蛋(半熟)　1个

盐、胡椒粉　各少许

做法

1.将青芦笋根部较硬的部分切掉，根部5cm左右的皮用削皮器削掉，用保鲜膜包好，在微波炉里加热3分钟。

2.装盘，摆上水蒸蛋，撒上盐和胡椒。水煮蛋是切开的，请边拌边享用。

牡蛎菠菜奶油酱
意大利面 →P74

海胆花椰菜奶油酱
意大利面 →P75

牡蛎菠菜奶油酱意大利面

材料

贝壳面　160g ▶ 简单冲洗,用水浸泡

[配菜]
牡蛎(牡蛎肉 加热用)　350g

菠菜　½把

▶ 简单切短,将其放入耐热容器中,注水刚刚没过菠菜,加上保鲜膜,在微波炉里加热2分钟。

放在水中浸泡5分钟,拧干水分,切成碎末。

洋葱　¼个 ▶ 切成碎末

[A]
橄榄油　1大匙

鲜奶油　100mL

白葡萄酒　100mL

水　300mL

盐　½小匙

胡椒粉　少许

[备料]
鲜奶油　100mL

将保鲜膜较宽松地盖在容器上。当然普通的焯水也是可以的。

做法

1.在锅中放入A搅拌,再加入意大利面与配菜。加盖后用中火加热,适当搅拌,并按照意大利面包装袋上的提示时间煮熟。

2.开盖后,再煮2～3分钟,将汤汁煮剩至深1cm处,将面条煮至个人喜欢的软硬程度,即可收火。

3.加入准备好的鲜奶油,快速搅匀,装盘。

Note

●将菠菜切成细末,当作香料来使用。牡蛎的鲜美被包裹在浓郁的酱汁中。

适合搭配的菜单

凉拌胡萝卜

材料——容易制作的分量

胡萝卜　1根 ▶ 切丝

橙子　1个

▶ 皮洗干净切碎,果肉摘掉外面的白须,切块。

[A]
柠檬汁　1大匙

芥子粒　1大匙

橄榄油　1大匙

白糖　½小匙

盐　¼小匙

胡椒粉　少许

做法

将A放入盘子中混合搅拌,加入胡萝卜、橙子皮和果肉,搅拌。

*冷藏可保存3～4天

海胆花椰菜奶油酱意大利面

材料

长条意大利面(1.8mm)　160g　▶ 简单冲洗, 用水浸泡

[配菜／A] 菜花　½ 个(100g)　▶ 分成小朵

橄榄油　1 大匙

番茄果汁(无盐)　100mL

水　400mL

盐　½ 小匙

胡椒粉　少许

[备料] 生海胆　80g

鲜奶油　100mL

麦芽 (如有的话)　适量

做法

1. 在锅中放入 A 搅拌, 再加入意大利面与配菜。加盖后用中火加热, 适当搅拌, 并按照意大利面包装袋上的提示时间煮熟。

2. 开盖后, 再煮 2～3 分钟, 将汤汁煮剩至深 1cm 处, 将面条煮至个人喜欢的软硬程度, 即可收火。

3. 加入准备好的生海胆与鲜奶油, 快速搅拌, 装盘, 撒上麦芽。

Note

● 海胆可以发挥意大利面的风味。意大利面的余热能使酱汁变软, 一定要趁热尽快食用。

适合搭配的菜单

芝麻菜生火腿沙拉葡萄醋调味汁

材料——容易制作的分量

芝麻菜　4～5 根　▶ 用手撕到容易食用的大小

生火腿　4 片　▶ 一切两半

帕玛森干酪　适量　▶ 削薄

[A] 葡萄醋　1 大匙

橄榄油　½ 大匙

盐、胡椒粉　各少许

做法

在容器里放入芝麻菜、生火腿以及帕玛森干酪, 再加入搅拌好的 A 即可。

魔法的面

也可以用同样的制作方法来做意大利面以外的干面。
这里介绍几个具有异国风味的食谱。

泰国风味鸡肉馅炒面 →P78

韩国风味炒粉丝 →P78

无汁担担面 →P79

泰国风味鸡肉馅炒面

材料

泰国面　160g ▶ 简单冲洗,用水浸泡

[配菜]
鸡肉馅　100g

豆芽　½袋

干虾仁　2大匙 ▶ 切成碎末

[A]
橄榄油　1小匙

芝麻油　1大匙

鱼酱　1大匙

白糖　1小匙

鸡肉高汤　1小匙

一味粉　少许

酒　1大匙

水　450mL

盐、胡椒粉　各少许

[备料]
韭菜　⅓把 ▶ 切成3cm长

花生(零食用)　2大匙 ▶ 简单弄碎

柠檬切半月状　2块

做法

1.在锅中放入A搅拌,再加入面与配菜。加盖后用中火加热,适当搅拌,并按照包装袋上的煮面时间煮熟。

2.开盖后,再煮1～2分钟,将汤汁煮剩至深1cm处,将面条煮至个人喜欢的软硬程度,即可收火。

3.加入准备好的韭菜,快速拌匀,装盘,撒上花生碎,装饰柠檬。

Note

●这是一道具有泰国风味的炒面,甜辣的汤汁与富有嚼劲的面条相得益彰,美味十足。

●没有泰国面的时候可以用米粉代替。

●依照个人口味,在炒面上加上炒鸡蛋,会更加美味。

韩国风味炒粉丝

材料

韩国粉丝　160g ▶ 简单冲洗,用水浸泡

[配菜]
牛肉片　150克

洋葱　¼个 ▶ 切成薄片

胡萝卜　¼个 ▶ 切丝

香菇　2个 ▶ 切成薄片

大葱　5cm ▶ 切成碎末

大蒜　1片 ▶ 用刀柄拍3～4次,捣碎

[A]
芝麻油　1大匙

白糖　2小匙

酱油　2大匙

酒　1大匙

水　450mL

盐、胡椒粉　各少许

[备料]
水芹　¼根 ▶ 简单切段

辣椒丝　适量

白芝麻　适量

做法

1.在锅中放入A搅拌,再加入粉丝与配菜。加盖后用中火加热,适当搅拌,并按照粉丝包装袋上的提示时间煮熟。

2.开盖后,再煮1～2分钟,将汤汁煮剩至深1cm处,将粉丝煮至个人喜欢的软硬程度,即可收火。

3.加入准备好的水芹,快速拌匀,装盘,撒上辣椒丝与白芝麻。

Note

●普通的粉丝也可以,这里使用的是比较宽的韩国粉丝。

●也可以使用黄瓜丝或者煮好的荷兰豆代替水芹。

无汁担担面

材料

速食面　2人份

▶ 简单冲洗，用水浸泡

[配菜]

猪肉馅　150g

榨菜　2大匙

小油菜　1株 ▶ 茎切成5cm长。

根部竖切4～6等分。叶片简单切至3cm宽，备料中使用

大葱　5cm ▶ 切成碎末

姜　½片 ▶ 切成碎末

蒜　1片 ▶ 用刀柄拍3～4次，捣碎

甜面酱　1大匙

[A]

豆瓣酱　1大匙

芝麻油　1大匙

鸡肉高汤　1小匙

研磨白芝麻　1大匙

醋　1小匙

酒　1大匙

水　450mL

粉山椒　少许

盐、胡椒粉　各少许

[备料]

辣油　适量

粉山椒(根据个人口味)　适量

大葱　5cm ▶ 葱白

做法

1.在锅中放入A搅拌，再加入速食面与配菜(油菜叶除外)。加盖后用中火加热，适当搅拌，并按照速食面包装袋上的提示时间煮熟。

2.开盖后，再煮1～2分钟，将汤汁煮剩至深1cm处，将面条煮至个人喜欢的软硬程度，即可收火。

3.加入油菜叶，快速拌匀，装盘，撒上备好的葱白，倒上辣油和粉山椒。

Note

●地道的四川风味无汁担担面，粉山椒与辣油决定了菜肴的辣度，请根据个人口味调整。

●没有甜面酱的时候，可以用1大匙酱+½小匙白糖代替。

图书在版编目（CIP）数据

魔法意大利面 /（日）村田裕子著；朱婷婷译.——
沈阳：辽宁科学技术出版社，2018.2
ISBN 978-7-5591-0568-4

Ⅰ.①魔… Ⅱ.①村… ②朱… Ⅲ.①面条-食谱-
意大利 Ⅳ.①TS972.132

中国版本图书馆CIP数据核字（2017）第308674号

出版发行：辽宁科学技术出版社
　　　　　（地址：沈阳市和平区十一纬路25号　邮编：110003）
印　刷　者：辽宁新华印务有限公司
经　销　者：各地新华书店
幅面尺寸：170mm×240mm
印　　张：5
字　　数：150千字
出版时间：2018 年 2 月第 1 版
印刷时间：2018 年 2 月第 1 次印刷
责任编辑：朴海玉
封面设计：魔杰设计
版式设计：袁　舒
责任校对：李淑敏

书　　号：ISBN 978-7-5591-0568-4
定　　价：35.00元

联系热线：024-23284370
邮购热线：024-23284502
邮　　箱：syh324115@126.com